Don't Let
Your Emotions Run Your Life for Kids

A DBT-Based Skills Workbook
to Help Children Manage Mood Swings,
Control Angry Outbursts, and Get Along with Others

美国儿童
情绪力训练手册

帮助孩子认识情绪和管理情绪的心理课

〔美〕詹妮弗·J. 索林 、〔美〕克里斯蒂娜·L. 克雷斯◎著

蔡冠宇、刘洁红◎译

U0642709

北京科学技术出版社

DON'T LET YOUR EMOTIONS RUN YOUR LIFE FOR KIDS: A DBT-BASED SKILLS WORKBOOK TO HELP CHILDREN MANAGE MOOD SWINGS, CONTROL ANGRY OUTBURSTS, AND GET ALONG WITH OTHERS by JENNIFER J. SOLIN, PSYD, CHRISTINA L. KRESS, MSW
Copyright: © 2017 BY JENNIFER JEAN SOLIN AND CHRISTINA L. KRESS
This edition arranged with NEW HARBINGER PUBLICATIONS through BIG APPLE AGENCY, LABUAN, MALAYSIA.
Simplified Chinese edition copyright:
2024 Beijing Science and Technology Publishing Co., Ltd.
All rights reserved.
著作权合同登记号 图字：01-2024-1600

图书在版编目（CIP）数据

美国儿童情绪力训练手册 /（美）詹妮弗·J. 索林，（美）克里斯蒂娜·L. 克雷斯著；蔡冠宇，刘洁红译 . --北京：北京科学技术出版社，2024.5
书名原文：Don't Let Your Emotions Run Your Life for Kids
ISBN 978-7-5714-3649-0

Ⅰ . ①美… Ⅱ . ①詹… ②克… ③蔡… ④刘… Ⅲ . ①儿童—情绪—自我控制—手册 Ⅳ . ① B844.1-62

中国国家版本馆 CIP 数据核字（2024）第 029699 号

策划编辑：花明姣　路　杨
责任编辑：路　杨
责任校对：王晶晶
责任印制：吕　越
出 版 人：曾庆宇
出版发行：北京科学技术出版社
社　　址：北京西直门南大街 16 号
邮政编码：100035
电话传真：0086-10-66135495（总编室）　0086-10-66113227（发行部）
网　　址：www.bkydw.cn
印　　刷：三河市华骏印务包装有限公司
开　　本：710 mm×1000 mm　1/16
字　　数：121 千字
印　　张：7.25
版　　次：2024 年 5 月第 1 版
印　　次：2024 年 5 月第 1 次印刷
ISBN 978-7-5714-3649-0

定　　价：59.80 元

写给家长们的信

很高兴你能打开《美国儿童情绪力训练手册》这本书。希望书中的这些活动能够帮助你的孩子有效管理失控的情绪。

书中的活动是基于我们过去12年里从幼儿、青少年和家长咨询工作中所积累的经验而开发出的。我们借鉴了认知行为疗法（CBT）、辩证行为疗法（DBT）和游戏治疗法的理念和方法，并将各种疗法进行优化调整，让开发出的这些活动在缓解孩子的激烈情绪、鼓励孩子学习和有效运用等方面优势显著。

你可能会注意到有些活动很相似。这是因为孩子需要通过反复接触和演练，才能从不同角度将同一个概念理解得更好。

为了获得更好的效果，孩子做每个活动的时候都需要成年人适当引导。对年幼的孩子来说，一些情绪是可怕的、令人困惑的，有成年人帮助他们理解自己的想法、情绪和行为是非常重要的。

一个正在经历激烈情绪的孩子可能一时想不起什么技巧是有用的。在这本书中，我们会多次提醒孩子练习技巧。我们也建议你和孩子一起练习运用这些应对技巧，这样的话，在孩子情绪激动时，你就可以对他进行引导，温和地提醒他曾经学到过什么。积极地练习应对技巧的成年人，在日常亲子生活中通常会看到孩子有更大的改善。通过积极参与孩子的成长和发展，成年人可以成为孩子的榜样和指导者。

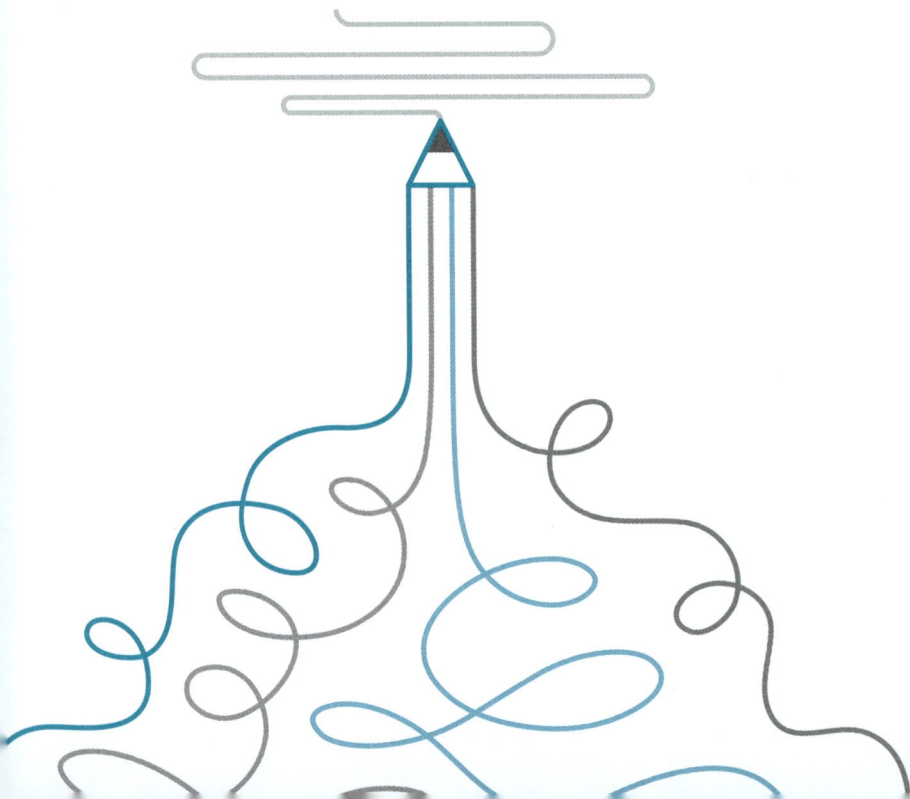

Contents

目 录

CHAPTER 2　应对你的情绪

CHAPTER 3　创建你的技巧工具箱

1

CHAPTER 1
理解你的情绪

　　有些情绪可能会让你不舒服，有时你会想要假装它们不存在。虽然这是一种正常的反应，但其实，当你注意到令你不舒服的情绪并找出它出现的原因后，这种不适的情绪会更快消失。面对情绪时，了解它、定义它，会帮助你的大脑理解你的情绪。这比忽视它、假装它不存在更有用。

　　请记住，你的所有情绪都很重要，包括令你不舒服的情绪。当你产生快乐的情绪时，通常代表着你很愉悦、很享受某件事；当你产生不舒服的情绪时，通常代表着你可能不喜欢某件事。当你观察到这种情绪时，你的大脑会开始尝试理解它的存在，并帮助你想办法说些或做些什么，让这种情绪减弱或不被放大。观察和理解自己的情绪是帮助你控制情绪和行为的重要一步。

Activity 1

活动 1　愤怒

· **你要知道** · 在石器时代，愤怒情绪可以激发身体的生理反应，如心跳加快、血压升高，以及肌肉力量增强。这些生理变化能够帮助人们更有能力应对威胁，如击退大型动物。今天，我们很少面临与石器时代相似的危险情况，但是理解愤怒情绪依然很重要。

愤怒是一种帮助你维护自己的权利和在意的事情的情绪。愤怒也可以帮助你确定目标。当某人或某事试图阻碍你完成目标时，你可能会愤怒。如果你正在复习考试，而你弟弟在身后大声说话，你可能会愤怒，因为他影响了你的复习。愤怒能带给你能量，让你做出正确的行为，比如要求你的弟弟在你学习时保持安静。但是当情绪失控时，愤怒也会导致一些错误的行为，如大喊大叫、打人和乱扔东西。

当你意识到自己正在感到愤怒，并且能够清楚地知道愤怒情绪的来源，你就能更好地控制自己的情绪，比如学会压制愤怒，或者以积极正确的方式争取你所需要或期望的事情。愤怒情绪的强度有大有小，尽早发现愤怒，避免让愤怒情绪愈演愈烈，就能更有效地应对它。

Foryou
你 要 做 的

请仔细阅读以下词语，并圈出你曾经在愤怒的时候感受过的词语：

狂怒   恼怒

暴躁   悲愤

气愤   懊恼

不满   愤恨

请写下你感受过的其他表示愤怒的词语：••••••••••••••••••••••••••••••

•••

愤怒是如何产生的?

愤怒是人们在目标受阻后表现出来的正常反应。下面是容易让你感受到愤怒的事情：

- 你得不到你需要的或想要的东西。

- 有人不经同意就拿走了你的东西。

- 你认为某人或某事不公平。

🔖 请写下让你感到愤怒的其他事情：.................................

....

愤怒会引起哪些身体反应？

当你感到愤怒时，你可能会出现以下身体信号。请圈出你曾经感受过的身体信号：

心跳加速	想要打人
脸开始涨红	想要伤害别人
拳头攥紧	放声哭喊
眉头紧锁	乱摔东西

🔖 请写下你曾经感受过的其他身体信号：.................................

....

Foryou

更多你要做的

请在下面的方框里写下或画出你对愤怒情绪的看法与感受。

Activity 2

活动 2 焦虑

· **你要知道** · 感到焦虑是生活中很正常的一件事。焦虑的存在是非常有意义的，但它有时会阻碍我们实现目标。了解焦虑很重要，这样你就能学会区分哪些是能帮助你的焦虑，哪些是阻碍你变得更好、更快乐的焦虑。

焦虑有时表示我们正处于危险之中。如果你准备从很高的地方往下跳，你可能会感到焦虑。这意味着你的大脑告诉你，这不是一件好事，你可能会受伤。在这种情况下，关注焦虑是很重要的，因为它能让你注意安全。参加考试时你会感到紧张，这也是焦虑发出的信号，这种信号有助于你集中注意力并尽最大的努力去应对考试。

但是，焦虑并不总是对你有帮助。过于焦虑有时会让你在不太危险的环境下也止步不前。例如，如果你在学校音乐会开始之前感到非常焦虑，认为自己没法上台，那么你就可能会错过参加音乐会的乐趣。

所以，了解自己的焦虑很重要，这样你就可以学会区分哪些是能帮助你的焦虑，哪些是阻碍你变得更好、更快乐的焦虑。

For you
你 要 做 的

请仔细阅读以下词语，并圈出你曾经在焦虑的时候感受过的词语：

紧张   害怕

心急如焚   发愁

恐慌　　　　　　　　　　　　坐立不安

烦躁　　　　　　　　　　　　难过

>> 请写下你感受过的其他表示焦虑的词语：......................

....

焦虑是如何产生的?

下面是容易让你感受到焦虑的事情:

- 你不知道一会儿会发生什么。

- 你可能会受伤。

- 你觉得自己可能会失败或惹麻烦。

- 你感觉你可能会失去一些重要的东西。

- 你以为自己孤立无援。

- 你需要一个人去面对。

- 你觉得自己会很尴尬。

>> 请写下让你感到焦虑的其他事情：....................

....

焦虑会引起哪些身体反应？

当你感到焦虑时，你可能会出现以下身体信号。请圈出你曾经感受过的身体信号：

心跳加速   想要尖叫

脸开始涨红   起鸡皮疙瘩

胃痛   大哭

浑身颤抖   呼吸急促

肌肉紧绷   恶心想吐

➢➢ 请写下你曾经感受过的其他身体信号：..............................

....

Foryou

更 多 你 要 做 的

请在下页的方框里写下或画出你对焦虑情绪的看法与感受。

Activity 3

活动 3　妒忌和嫉妒

· **你要知道** · 妒忌（envy）是看到别人拥有和享受着我们也想要的东西时，会感受到的情绪。嫉妒（jealousy）是当我们不想失去已经拥有的东西时，会感受到的情绪。这两种情绪都有利有弊。

当妒忌能激励你通过正确的方式努力争取想要的东西时，它就是对你有帮助的。例如，当卡尔赢得拼写比赛时，乔希可能会想："哇！我也想要拼写比赛的奖杯，我要去问问卡尔学习的方法。"但是，当妒忌心过强或失控时，它可能会煽动你用不正确的手段从别人那里拿走你想要的东西。例如，如果乔希的妒忌心失控，他可能会试图偷走卡尔的奖杯。

同样，嫉妒也会激励你做一些友好的事情，让你身边的人和你更亲近。例如，如果你担心最好的朋友更喜欢和新来的同学一起玩，而不是跟你一起玩，你可能会主动提出在课间休息时和他玩他最喜欢的游戏。这种行为是积极的，因为这表明你愿意关注并满足朋友的需求。然而，我们需要注意那种让你想控制一个人，让他不能或不会离开你的嫉妒心理。例如，卡拉发现好朋友萨姆经常和凯莉一起玩，都不怎么和她玩了。卡拉就在萨姆和凯莉一起玩的时候，不断地给萨姆发短信让她别和凯莉玩。萨姆觉得卡拉想要控制她，因此她越来越不想和卡拉一起玩了。在这种情况下，过强的嫉妒心导致卡拉做出了不好的的行为（一遍又一遍地发短信），从而真的影响到了她和萨姆之间的友谊。

Foryou
你 要 做 的

妒忌和嫉妒是复合型情绪，是由一系列基础情绪组成的。请仔细阅读以下词语，并圈出你曾经在妒忌或嫉妒他人时感受过的词语：

羞愧	羡慕
贪婪	憎恨
报复	不公
自责	厌恶
自卑	担忧

⟫ 请写下你感受过的其他表示妒忌或嫉妒的词语：......................

....

妒忌或嫉妒是如何产生的？

下面是容易让你感受到妒忌或嫉妒的事情：

● 你想要一些你没有的东西。

- 你不想失去你已经拥有的东西。

- 你发现某人拥有你需要或想要的东西。

- 你觉得有人会拿走你已经拥有的东西。

- 你被他人拒绝或不被喜欢。

- 你感到孤独。

- 你认为自己没有受到和别人一样的待遇。

👣 请写下让你感到妒忌或嫉妒的其他事情：• •

• •

妒忌或嫉妒会引起哪些身体反应？

当你感到妒忌或嫉妒时，你可能会出现以下身体信号。请圈出你曾经感受过的身体信号：

想从别人那里拿走一些东西　　　不想分享你的东西

脸开始涨红　　　　　　　　　　想要大喊大叫

喉咙发紧　　　　　　　　　　　想发脾气

想破坏别人的东西　　　　　　　想伤害别人

肌肉紧绷   渴望被关注

♪♪ 请写下你曾经感受过的其他身体信号：.........................

....

更 多 你 要 做 的

请在下面的两个方框里分别写下或画出你对妒忌和嫉妒情绪的看法与感受。

Activity 4

活动 4　内疚与羞耻

·你要知道· 内疚（guilt）和羞耻（shame）是两种不同的情绪，但它们经常同时出现。内疚是当你做了违背自己价值观的事情、发现自己违反规则时，你会感受到的情绪。羞耻是当你违背了别人的价值观，担心他们因此而不喜欢你时，你会感受到的情绪。

内疚可能会对你有帮助。内疚会提醒你下次要做出更正确的选择，或者帮助你记住规则、不再违反规则，还会提醒你及时进行"补救行为"。接纳自己的内疚感，会帮助你在下次做得更好。而羞耻和内疚是不同的。当内疚感太强，变成让你觉得自己不好或不喜欢自己的原因时，就会产生羞耻感。例如，当你不小心违反了某条规则，也许是因为你忘记了，但你因此觉得自己很蠢，觉得别人不会再喜欢你了，你便会感到羞耻。

记住，所有人的内心都是善良的，不要让羞耻感一直围绕着你。挥之不去的羞耻感会让你自我怀疑，这对你没有任何帮助。

你 要 做 的

请仔细阅读以下词语，并圈出你曾经在内疚或羞耻时感受过的词语：

自卑   丢脸

尴尬   自责

难过   害怕

紧张   懊悔

抱歉 　　　　　　　　　　　　　失落

🐾 请写下你感受过的其他表示内疚或羞耻的词语：∙∙∙∙∙∙∙∙∙∙∙∙∙∙∙∙∙

∙∙

内疚或羞耻是如何产生的?

下面是容易让你感受到内疚或羞耻的事情：

- 你认为自己做错了。

- 你做了违背自己价值观的事情。

- 你惹了麻烦。

- 你与朋友或家人发生了争执。

- 你发现自己伤害了别人。

- 有人说你某件事做得很糟糕。

- 你做的某件事让情况变得很尴尬。

🐾 请写下让你感到内疚或羞耻的其他事情：∙∙∙∙∙∙∙∙∙∙∙∙∙∙∙∙∙∙∙∙∙∙∙∙∙∙

∙∙

内疚或羞耻会引起哪些身体反应？

当你感到内疚或羞耻时，你可能会出现以下身体信号。请圈出你曾经感受过的身体信号：

想要消失　　　　　　　　　　　不想说话

想躲着别人　　　　　　　　　　不想与他人进行眼神交流

低头驼背　　　　　　　　　　　喉咙发紧

大哭　　　　　　　　　　　　　胃不舒服

想要说谎掩饰　　　　　　　　　想吐

>> 请写下你曾经感受过的其他身体信号：..................................

....

更 多 你 要 做 的

请在下页的两个方框里分别写下或画出你对内疚和羞耻情绪的看法与感受。

Activity 5

活动 5　兴奋和不知所措

· 你要知道 · 不同的人会对不同的事物感到兴奋。有些让你觉得兴奋和有趣的事情，对其他人来说可能是难以忍受且可怕的。而当你面对一个很大的任务，不确定从哪里开始着手时，你就可能会感到不知所措。这是一种让你不舒服的情绪。当你感到不知所措时，你很难做到最好。

兴奋可以是一种很有趣、很棒的感觉。当你准备做一些对你来说十分有趣的事情时，你的身体里会充满能量，你就会很兴奋。你是否曾经有过兴奋得不得了，感觉自己快要控制不住自己的时候呢？兴奋可能会给人带来一种有趣的感觉，但也可能会让人感到不知所措。

Foryou
你 要 做 的

请仔细阅读以下词语，并圈出你曾经在兴奋或不知所措时感受过的词语：

得意   斗志昂扬

思绪混乱   焦躁不安

激动振奋   欣喜若狂

无助   心烦意乱

》 请写下你感受过的其他表示兴奋或不知所措的词语：. . . . .

. . . .

兴奋或不知所措是如何产生的？

下面是容易让你感受到兴奋或不知所措的事情：

- 你在思考你真正想做的事情。

- 你将和新朋友见面。

- 你在思考一些你必须去做的事情。

- 你正在思考一些已经发生或将要发生的大事。

- 你的生活发生了一些变化。

- 你想与他人分享一个想法或观点。

- 你认为即将要做的某件事情真的非常好。

请写下让你感到兴奋或不知所措的其他事情：.....................

....

兴奋或不知所措会引起哪些身体反应？

当你感到兴奋或不知所措时，你可能会出现以下身体信号。请圈出你曾经感受过的身体信号：

心跳加速　　　　　　　　　　坐立不安

很难集中注意力　　　　　　　语速变快

精力旺盛   有很多想法

情绪激动   全身紧张

听不进去别人说的话   想要引起他人注意

》》请写下你感受过的其他身体信号：...............................

....

Foryou

更 多 你 要 做 的

请在下页的两个方框里分别写下或画出你对兴奋和不知所措情绪的看法与感受。

Activity 6

活动 6　爱

· **你要知道** · 爱是一种与他人亲近或相连的感觉。有时你会因为有人对你好而感受到爱。有时你可能感受到了爱，却不清楚原因。这可能会让你感到很困惑。爱能够帮助我们与想要联系的人保持亲密，比如家人和要好的朋友。然而，有时爱的感受可能与实际情况不符，这可能会给你带来痛苦的感受。

当你在意的人做了你喜欢的事情，照顾你或帮助你实现目标时，你就可能会感受到爱。这种实际的爱能够给你带来很棒的感觉，激励你传递这种善意。例如，当迈克尔的哥哥一个人把他们俩的卧室打扫干净时，迈克尔感受到了来自哥哥的爱，因为他的哥哥做了对他们俩都有利的事情，却没有向迈克尔要求任何回报。作为感谢，迈克尔决定第二天全力完成整理院子的家务活儿。这种被爱的感受促使迈克尔采取了善意的行动。

但是，当你发现爱来自会伤害你的人时，这种爱就是有害的。有时，爱的感觉会非常强烈，但你不确定你爱的人是否也会同样爱你。这种情况下，爱会让人感到非常困扰！例如，约翰注意到了自己对莎拉的爱，并为她做了一些事，比如为她画画并邀请她去公园玩。当约翰把画送给莎拉并邀请她去公园时，莎拉却嘲笑了他。这让约翰很困扰，因为莎拉的嘲笑伤害了他，他开始意识到莎拉并没有积极回应他的爱意。这种情况很可能会给约翰带来伤害，但这并不意味着约翰做错了什么，这只意味着约翰对莎拉的爱对他没有好处，因为他既没有得到莎拉的善意回应，也没有对自己产生任何积极的影响。约翰对莎拉的爱是与实际情况不符的，因为他付出了善意，却只感受到了痛苦。

你 要 做 的

请仔细阅读以下表示爱的词语，并圈出你曾经在爱或被爱时感受过的词语：

喜欢　　　　　　　　　　爱慕

友善　　　　　　　　　　温暖

>> 请写下你感受过的其他表示爱的词语：.............................

....

爱是如何产生的？

下面是容易让你感受到爱的事情：

- 你和某人或者某物在一起时感觉很快乐。

- 你想要某人或某物一直陪伴在你身边。

- 你想要帮助和照顾某个人。

➤➤ 请写下让你感受到爱的其他事情：...

....

爱会引起哪些身体反应？

当你感到爱时，你可能会出现以下身体信号。请圈出你曾经感受过的身体信号：

心跳加速　　　　　　　　　　欢呼雀跃

心情舒畅　　　　　　　　　　脸开始涨红

➤➤ 请写下你曾经感受过的其他身体信号：.............................

....

For you

更多你要做的

请在下面的方框里写下或画出你对爱的看法与感受。

Activity 7

活动 7　悲伤

·**你要知道**· 悲伤代表着我们对某人或某事的思念和关注，它提醒着我们对特定的东西要有情感上的重视。虽然悲伤可能会让人感到不舒服，过度悲伤似乎也没什么作用，但悲伤可以帮助我们了解自己在乎的东西是什么。

与其他情绪一样，悲伤也有积极的一面，只是有时我们可能感觉不到。当你失去了自己在意的东西时，你就会感到悲伤。当事情没有按照你期望的那样发展时，你也会感到悲伤。有时我们可能很难理解自己为什么会感到悲伤，但仔细想想，你就会知道悲伤从何而来。例如，汉克有一天醒来时感到非常悲伤。一开始他不知道自己为什么会悲伤，这真的让他很困扰。当他坐下来，关注自己的悲伤情绪时，他想到几天前为了加入足球队，自己付出了很多努力，却没有被选中的经历，而今天正好是足球队第一次训练的日子。汉克发现，当他能够理解悲伤的来源时，他的悲伤感就没有那么强烈了。

当你意识到自己的悲伤情绪，并弄清楚它产生的原因时，你就能尽可能地避免过度悲伤的产生。因为当你知道悲伤的原因时，悲伤就不太会继续扩大了。尽管关注悲伤并不会让悲伤消失，但这种关注会对你有所帮助！

For you

你 要 做 的

请仔细阅读以下词语，并圈出你曾经在悲伤的时候感受过的词语：

沮丧	失望
遗憾	黯然失色
意志消沉	悲喜交加
泪如雨下	泣不成声
绝望	悲愤

请写下你感受过的其他表示悲伤的词语：••••••••••••••••••••••••••

•••

悲伤是如何产生的?

悲伤是一种想念某人或某事的正常反应。下面是容易让你感受到悲伤的事情：

- 你见不到你爱的人或物。

- 你独自一人。

- 你失去了自己爱的东西。

- 你犯错了或让别人失望了。

- 事情没有按照你期望的那样发展。

- 原定的计划突然被打乱。

🎧 请写下让你感到悲伤的其他事情：.................................

....

悲伤会引起哪些身体反应？

当你悲伤时，你可能会出现以下身体信号。请圈出你曾经感受过的身体信号：

胃不舒服　　　　　　　　　眉头紧锁

想独处　　　　　　　　　　声音颤抖

大哭　　　　　　　　　　　不想说话

胸闷　　　　　　　　　　　身体无力

>> 请写下你感受过的其他身体信号：···

···

Foryou

更 多 你 要 做 的

请在下面的方框里写下或画出你对悲伤情绪的看法与感受。

Activity 8

活动 8　幸福

· **你要知道** · 人们都喜欢幸福的感觉，并渴望获得更多这样的感受。就像其他情绪一样，了解什么能给你带来幸福也同样重要，这能让你在生活中获得更多幸福。

幸福是当事情以你喜欢的方式发展时所产生的感受。例如，迦勒注意到，当他醒来听到爸爸说因为大雪他不用去上学时，他感到很幸福。他喜欢在雪地里玩，他想起在外面玩雪时的快乐，迫不及待想要出去玩。

与那些对你好、关心你的人在一起也会让你感到幸福。例如，劳拉注意到，在一次家庭聚会上与亲戚们共度时光时，她感到很幸福。姑姑问她最近在做什么，每个人都在聆听她的故事。劳拉喜欢人们关注她，这让她感到很幸福。

当你感到幸福，并意识到幸福感的来源时，你会对幸福更具有掌控感。因为你知道如果幸福感消失了，怎样做就可以把它找回来。

For you

你 要 做 的

请仔细阅读以下词语，并圈出你曾经在幸福的时候感受过的词语：

欢乐   喜悦

充满希望   宁静

轻松   愉快

兴奋   满足

激动   欢笑

)) 请写下你感受过的其他表示幸福的词语：............................

....

幸福是如何产生的？

幸福是你对自己喜欢的事情的正常反应。下面是容易让你感受到幸福的事情：

● 你得到了你想要的东西。

- 你可以花时间和你爱的人在一起。

- 你赢得了比赛或奖金。

- 事情按照你喜欢的方式发展。

🐾 请写下让你感到幸福的其他事情：...

....

幸福会引起哪些身体反应？

当你感到幸福时，你可能会出现以下身体信号。请圈出你曾经感受过的身体信号：

心跳加速   微笑

肌肉松弛   大笑

变得糊涂   充满能量

🐾 请写下你感受过的其他身体信号：...

....

For you

更 多 你 要 做 的

请在下面的方框里写下或画出你对幸福的看法与感受。

2

CHAPTER 2
应对你的情绪

　　在第一章中，我们了解到人们共有的一些普遍情绪。在本章中，我们将进一步探讨不同情境下情绪的变化和管理的方法。通过练习第一章的内容，我们可以更好地理解情绪的相关知识，这可以帮助我们更好地处理不同的情绪。

Activity 9

活动 9 是想法还是情绪?

· **你要知道** · 想法和情绪这两个概念听上去有些相似,但是它们是两个不同的概念。在本次活动中,你将学到想法和情绪的相关知识,了解到它们的区别。这真的很重要,因为想法可以转变你的情绪。

想法

想法就像你大脑里的句子。例如，"他根本没在听我说话"这句话实际上在传递一种想法，那就是我认为他没有在听我说话。

大脑里的一个想法，可以转变你的情绪。例如，想一些难过的事会让你感到悲伤。反过来也一样，如果你感到悲伤，想一些快乐的事，就可以削弱悲伤的感受。

需要注意的是，想法并不总是真实的。你可以认为天空是绿色的，但当你看向窗外时，你会发现你的想法与事实不符。这种情况经常发生，重要的是，你要学会思考你的想法是否符合事实。

情绪

我们通常需要用长一点的句子来表达想法，情绪则不需要，用简单的短句表达即可。例如，"我感到愤怒"表达了一种情绪，而"我认为他没有在听我说话"则是一种想法。另外，"我认为他没有在听我说话"未必是事实，因为我们无法确定对方是否在听。这也是要重视想法和情绪之间差异的原因。你可以询问对方，看看你的想法是否是事实。

情绪是大脑向你传达正在发生重要事情的方式。情绪可以非常强烈，强烈到让你不知所措。强烈的情绪还可能影响你对自己想法的判断，使你难以判断它们是否符合事实。

For you

你 要 做 的

下面让我们做一些练习来学会区分想法和情绪。请你回想一下过去几周发生的事情，并用下面这个表格练习记录你的想法和情绪，然后思考一下你的想法是否符合事实。

场景	想法	事实	情绪
我想跟妈妈讲讲我今天遇到的事，可她一直在看手机。	妈妈没有听我说话。	妈妈在看手机。我不确定她有没有在听。（提示：你可以向妈妈求证，问她："妈妈你在听我说吗？"）	沮丧

Foryou

更 多 你 要 做 的

在接下来的一周内，请记录下你的想法和情绪。和之前记录的内容进行对比，你发现了什么变化呢？说说你的感受。

场景	想法	事实	情绪

Activity 10

活动 10　你为什么会有情绪？

· **你要知道** · 情绪向你传递着你周围发生的事情和你的内心状态等信息。这有助于你决定接下来如何与他人进行互动。在决定做什么之前，你需要查看你所掌握的所有情绪传递给你的信息。收集信息的过程，就像把馅饼（PIE）拼起来。

P: 情绪能够保护（Protect）你，提醒你需要改变自己的行为。当你感受到情绪变得强烈时，这是你的大脑想让你尽快做出行为上的改变。例如，如果有人伤害了你，你可能会感到悲伤或愤怒。这些情绪会促使你向大人寻求帮助。

I: 情绪向你传递周围环境的信息（Information），也会把有关你的信息传递给其他人。当你遇到危险时，你会感到害怕。恐惧的感觉会让你环顾四周，以确保自身的安全。当你感到难过时，哭泣是一种表达悲伤的方式。通过这种方式，你向周围的人传达了你需要安慰和支持的信息。如果你选择不表达或不谈论自己的情绪，别人可能无法察觉到你的需求，从而无法给予你帮助。

E: 情绪并不等同于（not Equal）事实。事实是客观存在的，而情绪是主观的感受和反应。强烈的情绪可能会让你误以为它们就是事实，但其实并非如此。例如，在你准备见新老师或新朋友之前，你可能会感到恐惧，但这并不意味着你真的处于危险之中。这只是你对新的、未知的情境产生的一种自然反应。当你的朋友弄坏了你最喜欢的玩具，生气的情绪可能会让你冲动地想要报复，也弄坏他的玩具。然而，如果你听从理智的声音，你就会想要和你的朋友聊一聊，那便有机会发现原来只是一场意外。

For you

你　要　做　的

当你情绪激动时，很容易忽略与情绪有关的信息。你可能会感到非常不舒服，只想尽快摆脱这种情绪。你可以用"做馅饼"的方式来帮助自己记住和情绪有关的重要信息。你需要准备这些东西：

- 纸盘
- 彩色卡纸或其他类似材料
- 马克笔、蜡笔或铅笔
- 剪刀
- 订书机

步骤：

1 纸盘就像做馅饼的烤盘。用笔将纸盘分成 4 个部分。

2 用笔在 4 个部分分别标记上 "P" "I" "E" 和 "？"。

3 分别在每个部分写上字母代表的信息。例如，在 P 部分，你可以写"保护"或"改变"。在 I 部分，你可以写"向自己和其他人传递信息"。在 E 部分，你可以写"不等同于事实"。在"？"部分，你可以写"我们为什么会有情绪"。

4 在纸盘上制作馅饼。在彩色卡纸上画出馅饼烤盘（纸盘）的轮廓，并剪下来作为"馅饼"。

5 把"馅饼"剪成 4 份，同样标记上 "P" "I" "E" 和 "？"。

❻ 根据标记将"馅饼"和馅饼烤盘配对，并在边缘处用订书机固定。这一步你可能需要大人的帮助。

❼ 你可以把每一块馅饼都翻起来，检验自己有没有记住和情绪有关的信息。在学习和情绪有关的知识时，你也可以使用这个工具。

For you

更 多 你 要 做 的

Share 请分享一件让你情绪激动的事情，然后回忆之前"做馅饼"的过程，分析当时的情绪在向你传递哪些信息？

Activity 11

活动 11 你的情绪符合实际情况吗？

· 你要知道 · 情绪有时与实际情况不相符，这可能会阻碍你前进的道路。然而，当情绪与实际情况相符时，它们可以向你传递有关你的价值观、你的目标以及对你有重要意义的事情的信息，帮助你接近目标。因此你需要弄清楚自己的情绪是否符合实际情况。

在评估自己的情绪是否符合实际情况时，你可以采取以下步骤。

1. 识别并定义情绪。这有助于大脑理解你的情绪。

例如，当你发现自己流下了眼泪，感受到内心的沉重时，你可以把这种情绪标记为"悲伤"。通过识别并定义情绪，你可以更好地面对它。

2. 在关注情绪之前，先弄清楚发生了什么事。

例如，你的弟弟借走了你最喜欢的衬衫，却不小心把它弄脏了。你看到污渍时，内心感到沉重，接着眼泪就涌了出来。

3. 判断是否过度悲观。问问自己，是否过于往最糟糕的方面想了。如果你一直这样想，会让自己相信最坏的情况已经发生了。你需要问问自己，这真的是最坏的情况吗？

例如，你当时可能会认为，衬衫上的污渍永远都洗不掉了，衬衫再也穿不了了。然而，你并没有尝试过清洗污渍，也不知道污渍是否能被洗掉。最糟糕的情况并未真正发生。

4. 在情绪变化的过程中找到一个可能实现的目标。

例如，你为了买这件衬衫攒了整整三个星期的零用钱，它是你最喜欢的一件。你知道至少需要再过三个星期才能买一件新的。你之所以感到悲伤，是因为你失去了辛苦赚钱才买到的东西，这让你很难过。这种情绪可能会促使你向弟弟要求补偿。你可以要求他帮你洗掉污渍，如果无法洗掉，还可以要求他赔偿你的损失。

Foryou

你 要 做 的

现在请回答以下问题：

𝒥𝒥 你最强烈的情绪是什么？··

𝒥𝒥 什么事情引发了这种情绪？··

··

𝒥𝒥 你是否过度悲观？你的想法是符合实际情况的吗？请写下你当
时想到的最糟糕的情况，并判断它是否是真的。

··

𝒥𝒥 记住，某种情绪的产生是有原因的，它可能在告诉你一些事情。
你知道当时你的情绪想让你做什么吗？它想向你传达什么信
息？这是否与实际情况相符？

··

··

Foryou

更 多 你 要 做 的

请在下面表格中列出对你有帮助的情绪和妨碍你的情绪。例如，对某人发火可能意味着那个人对你不太好，恐惧感可能会帮助你远离危险。记住，同一种情绪可能有时会帮助你，有时会妨碍你，这很正常。

情绪如何帮助我	情绪如何妨碍我
恐惧能够帮助我识别危险，并促使我快速远离危险，保证我的安全。	当我非常生气时，我无法控制自己的情绪，总是大喊大叫。这样的话，对方只能感受到我的愤怒，却听不到我真正想要传递的信息。

Activity 12

活动 12　多变的情绪

· **你要知道** · 情绪的多变性可能会令你很困惑。在短时间内，我们的情绪可以迅速转变，甚至可以同时存在多种情绪。

人们常常同时经历多种情绪，就像交通高峰期的车一样，一辆接着一辆。你最先感受到的情绪被称为主要情绪。它出现得很快，并会短暂地影响我们的行为。随之而来的情绪则被称为次要情绪，它们持续的时间稍微长一点。

下面举个例子来说明主要情绪和次要情绪。假设你被邀请去朋友家过夜，你感到非常焦虑，焦虑就是你的主要情绪。你太焦虑了，于是决定不去赴约。这让你的朋友很难过，因为朋友很想见你。你因为伤害到了朋友的感受，于是感到有些悲伤和内疚。悲伤和内疚就是你的次要情绪。

你 要 做 的

你需要练习识别主要情绪和次要情绪。请记录接下来的一周里你遇到的影响你情绪的事情，以及你的主要情绪和次要情绪。

日期	事情	主要情绪（最先、最快产生的）	次要情绪（随后产生的、持续的）
星期一			

（续表）

日期	事情	主要情绪 （最先、最快产生的）	次要情绪 （随后产生的、持续的）
星期二			
星期三			
星期四			
星期五			
星期六			
星期日			

Foryou

更 多 你 要 做 的

Share　经过一段时间的练习，你发现了什么呢？你的哪种主要情绪经常出现？哪些次要情绪经常出现？

Activity 13

活动 13 亲爱的情绪

·**你要知道**· 情绪只是你的一部分。通过练习，你可以学会控制它们。当你情绪激动时，你会觉得自己被情绪控制了，无法应对任何情况。事实上，你可以在情绪激动的同时，不让情绪控制你。当你冷静下来，观察和描述自己的情绪时，你可以思考哪些行动对你更有利。因为你有选择权，这会让你了解到自己对情绪的掌控力。

让我们来看一下一个人被情绪所控制的例子。凯尔今天过得很糟糕。他先是早上睡过头，上学迟到了。到了午餐时间，他拿着餐盘穿过食堂拥挤的过道时，不小心与对面的杰森相撞，结果午餐撒了一地。凯尔感到很愤怒，情绪开始失控，转身朝杰森打了一拳。结果两个人扭打在了一起。

　　老师们迅速过来制止了这场打斗。这不是凯尔第一次惹上这种事了。凯尔感觉自己总是失控，好像没办法控制自己的行为。

Foryou
你 要 做 的

在你的对面放一把椅子。想象椅子上有一种让凯尔总是失控的东西。你觉得椅子上的是什么呢？对于凯尔来说，椅子上的就是"愤怒"。愤怒控制了凯尔的行为，他需要努力变得比愤怒更强大。请帮凯尔给愤怒写一封信，让他学会与愤怒相处。

亲爱的愤怒，

....

....

....

....

....

真诚的，

凯尔

For you

更 多 你 要 做 的

选择一种你难以应对的情绪，并写一封信给它。这将有助于你观察和描述自己的感受，以及你在经历这种情绪时的行为。

亲爱的................，

....

....

....

....

....

真诚的，

....

Activity 14

活动 14　别急于行动

· 你要知道 · 当冲动涌上大脑，人们往往来不及反应接下来该如何行动。学会识别冲动和可能会有的反应是非常有用的。这可以让你学会控制自己的冲动，避免过激行为。

在活动 13 中，凯尔情绪失控，于是打了杰森。凯尔惹上麻烦是因为打架的行为，而不是因为愤怒的情绪。

情绪: 凯尔感到愤怒。

冲动: 凯尔想打杰森。

行为: 凯尔在冲动之下打了杰森。

在情绪激动的时候，我们常常会失去冷静，冲动行事。学会识别冲动和可能会有的反应是非常有用的。让我们回顾一下凯尔的例子。以下是他在愤怒时可能会产生的一些冲动反应：

- 想打人

- 想大吼大叫

- 想转身离开

- 想乱丢东西

- 想大声质问

这时如何选择就很重要。好的选择会带给你好的感觉，让你不会像凯尔那样陷入麻烦之中。你可能会发现，在不那么情绪化的情况下，你更容易注意到自己的情绪、冲动和行为。相信通过多加练习，你就能更好地控制冲动。

For you

你 要 做 的

下面让我们来练习一下识别冲动和可能会有的反应，然后选择对自己有利的行为，并将结果记录在下面的表格中。

	事件	情绪	冲动	你的行为
1				
2				
3				
4				

你要关注自己是否能够有意识地让自己别冲动行事。练习的次数越多，你就越容易在情绪激动的当下做出更正确的选择。

Foryou

更 多 你 要 做 的

> 当你在管理自己的情绪时，如果需要帮助，你会寻求谁的帮助呢？请写下三个你可以寻求帮助的人。

....

> 在做过"识别冲动和可能会有的反应"的练习后，你认为你可以在情绪激动的时候，选择对自己有利的行为吗？为什么这样认为？

....

....

> 如果你无法选择对自己有利的行为，你认为问题出在哪里？

....

....

Activity 15

活动 15　情绪强度游戏

·你要知道·每个人在面对同样的情况时可能会有不同的情绪，这是很正常的。情绪相同但是强度不同，也是很正常的。

下面的活动是一个随时都可以进行的游戏，可以帮助你练习识别情绪和情绪的强度。你可以和朋友、兄弟姐妹，或者父母一起玩。当你们一起玩时，可以聊一聊选择某种情绪和情绪强度的原因。

你 要 做 的

1 准备一套情景卡。然后，为每位玩家各准备一套完整的情绪卡和情绪强度卡。将情景卡正面朝下，放在桌子中间。

2 每位玩家轮流翻开一张情景卡。其他玩家则要感受在该情景下自己可能会出现的情绪和情绪强度，并分别打出 1 张情绪卡和情绪强度卡。

3 玩家相互讨论，看看有哪些差异或相似之处。请记住，每个人都可能有不同的情绪和情绪强度。

4 游戏继续进行，直到所有情景卡都被翻出来讨论过。

情绪卡

愤怒	恐惧	妒忌或嫉妒
内疚	兴奋或不知所措	爱
悲伤	幸福	焦虑

情绪强度卡

1	2	3
4	5	6
7	8	9
10		

情景卡

哥哥拿走了你最喜欢的玩具。	在学校里，有人插你的队。	姐姐骂了你。
家庭出行计划有变，你不能去动物园了（或者你想去的其他地方）。	你的同桌贴着你坐。	你弄丢了最喜欢的玩具或有特殊意义的物品。
你玩游戏输了。	你的兄弟惹麻烦了，你指责了他。	你想给妈妈讲个故事，但她正在听妹妹讲话。
你得到了想要的生日礼物。	你的姐妹在她的生日会上得到了你最喜欢的东西。	在学校里有同学嘲笑你。
你第一次见新老师。	你必须在全班同学面前演讲。	你必须参加一个考试。
你正在参加一个生日会，每个人都玩得特别愉快！	你和朋友一起玩你最喜欢的游戏。你感到自己充满了力量！	你没有得到参加学校比赛的名额。

Foryou

更 多 你 要 做 的

>> 面对相同的情景，为什么不同的人会有不同的情绪？

....

....

....

>> 面对相同的情景，很多人会有相同的情绪，但是情绪强度并不
相同，你认为原因是什么？

....

....

....

Activity 16

活动 16　快乐存钱罐

·你要知道· 当你因为一些事情而情绪低落或者情绪失控时，很容易忽视那些能够让你转换心情的事情。因此，我们需要关注那些能够让我们感觉良好的事情，它可以帮助我们从不好的情绪中走出来。

对你来说，创建一个存放快乐时刻的存钱罐是很有帮助的。就像往存钱罐里放硬币一样，你可以将写着自己喜欢的活动的纸条放进去。每当你感到不开心时，就可以从存钱罐里取出一张纸条，尝试上面写着的活动，看看是否能让你的心情变好。

For you
你 要 做 的

你知道什么事情能让自己心情变好吗？看一看下列清单里的活动是否能够让你感觉良好，你还可以自行补充其他让你感觉良好的活动。然后在令你感觉良好的活动旁边打√。

- ☐ 骑自行车
- ☐ 看电视
- ☐ 和家人在一起
- ☐ 烘焙
- ☐ 接近大自然
- ☐ 运动
- ☐ 听音乐

- ☐ 看一场电影
- ☐ 和朋友聊天
- ☐ 去旅行
- ☐ 玩桌游
- ☐ 画画
- ☐ 玩电子游戏
- ☐ 做手工

☐ ....　　　　☐ ....

☐ ....　　　　☐ ....

　　既然你有了一些想法，就让我们来玩一个游戏吧！把你在清单上勾选出来的活动想象成硬币。每当你进行了清单上自己喜欢的活动，就可以往存钱罐里投一枚硬币。当你心情不好的时候，就从存钱罐里取出一枚硬币。如果你经常感到心情低落，那你的存钱罐可能很快就空了。你的目标是尽量往存钱罐里存入更多的硬币。如果你的存钱罐几乎是空的，那就说明你需要更专注地寻找让自己感觉良好的事情了。

Foryou

更多你要做的

　　请在下页的方框里画一个大大的存钱罐。想一想你在过去一周里做的那些让自己感觉良好的事情，并把它们列在存钱罐里。请问你的存钱罐满了吗？在过去的一周里，你做了很多让自己感觉良好的事情吗？如果没有的话，请头脑风暴一下吧！想一想接下来的一周里你可以做哪些让自己开心的事情，并把它们写在存钱罐里。

3

CHAPTER 3
创建你的技巧工具箱

现在，你已经认识了情绪，了解了影响自己情绪的因素。现在，你可以学着管理自己的情绪了。你需要学会使用一些技巧或者工具。你使用的技巧可能和别人不一样，这没关系。正如园丁和水电工需要不同的工具一样，每个人都需要不同的技巧或工具来管理自己的情绪。

当你学习这些内容时，你可以把它们当成是你个人"技巧工具箱"里的工具，并思考你最喜欢的工具是什么。这个工具箱的样子没有限制，重点是可以随身携带，帮助你想起来你在这本书中学到的技巧。例如，你可以把这些技巧制作成笔记卡片，随身携带着练习。那么，这叠笔记卡片就是你的工具箱。

Activity 17

活动 17　在"技巧花园"里播种

· **你要知道** · 如果你感到疲惫，你将很难控制自己的情绪。你可以通过种子计划"SEEDS"，帮助自己缓解疲惫，甚至是摆脱疲惫。

"种子（SEEDS）"是一个缩写，代表着睡眠（Sleep）、健康饮食（Eating healthy foods）、锻炼（Exercise）、休息（Downtime）和社交（Socializing）。想要收获果实，你需要先在花园里种下种子，然后静静地等待。以下是你需要在"技巧花园"里播种的"种子"。

S- 睡眠（Sleep）。睡眠可以帮助你的大脑和身体重启。夜晚充足的睡眠是很重要的。建议学龄儿童的睡眠时间为 9 ~ 11 小时。请思考一下你每晚能睡几个小时？每天规律的入睡和起床时间是否让你感觉更好？你是否有入睡困难、嗜睡或早醒的情况？如果有的话，你可以试试睡眠冥想。

E- 健康饮食（Eating healthy foods）。健康饮食可以帮助你的大脑和身体获得能量，帮助你更好地控制自己的情绪。请思考一下你有没有爱吃的或者愿意尝试少吃点儿的健康食物？健康饮食并不意味着你不能享受美食，只要你确保自己吃得天然、安全就好。

E- 锻炼（Exercise）。一些指导性文件通常建议 6 ~ 12 岁儿童每天至少锻炼 1 个小时，鼓励每 2 个小时锻炼一次，每次锻炼 15 分钟以上。即使是少量的运动也可以帮助你的大脑更清晰地去思考，而且能够稍微分散你对情绪的注意力。请思考一下你进行过哪些运动项目？在你情绪比较低落的时候可以尝试什么运动？

D- 休息（Downtime）。给自己一点休息的时间。即使只休息 5 分钟，不看电视、不与任何人交谈或不做作业，也能帮助你关注到情绪，并想办法管理情绪。

S-社交（Socializing）。社交也很重要，尽管有时很难找到社交和独处的平衡点。请思考一下你是否喜欢花很多时间与他人相处？还是你更倾向于独处？你喜欢的社交活动和你想避免的社交活动都是什么？想清楚这些可以帮助你在每天的社交活动中保持平衡。

你 要 做 的

请在此处列出你的"种子"计划：

>> 睡眠：..

....

>> 健康饮食：..

....

>> 锻炼：..

....

♪♪ 休息：...

....

♪♪ 社交：...

....

Foryou

更 多 你 要 做 的

Share

你种下了什么"种子"？你认为当你看到"种子"开始生长时，你会有什么样的感受？你认为你的"种子"需要多长时间才能生长起来？

....

....

....

Activity 18

活动 18　舒缓情绪的工具

· **你要知道** · 当你遇到问题时，你就会产生情绪。我们在前面提到过，你的情绪会给你一些信息提示，如"嘿，我们需要解决这个问题了"。但是当情绪过于激动时，你可能无法做出正确的决定，甚至还可能会把事情弄得更糟。这时你可以思考一下你已经拥有的能够解决情绪问题的工具，这可以帮助你舒缓情绪，做出更理智、正确的决定。

其实，你可能已经拥有舒缓情绪的工具了，只不过你还没意识到。在学习使用新工具之前，我们可以先看看如何使用已有的工具来舒缓情绪。让我们来看看珍妮的例子。

珍妮经常处于极度愤怒的状态。她在家、商场和学校都有这个问题。有一次她在学校时发现，深呼吸能帮助她控制愤怒情绪。

在创建技巧工具箱时，珍妮就想到了深呼吸能有效帮助她控制愤怒情绪的经历，那就像吹气球一样。于是她在纸上画了一个气球，并把纸放进了工具箱，之后为了便于随身携带，她又画了一张。只要看到纸上的气球，她就知道自己要深呼吸了。练习的次数多了后，即使只是摸到口袋里的纸，珍妮也会想起气球并意识到自己需要深呼吸。最初，珍妮只在学校使用这个工具，后来她在任何地方都能自如地使用这个工具，帮助自己控制脾气。

For you

你 要 做 的

请在下页的方框中画出能够帮助你舒缓情绪的工具。可能你的工具目前只能在一个场景下起作用，就像珍妮一样。不过这没关系，你可以想象一下这个工具在其他令你情绪激动的场景下起作用的画面。请在横线上列出可以使用这个工具的其他场景。

Foryou

更 多 你 要 做 的

Share　请详细描述一次你成功使用这个工具控制住激动情绪的经历。

··

··

··

》 你在使用工具时遇到过困难吗？如果遇到了，你是如何解决的呢？

··

··

··

Activity 19

活动 19 大脑发热怎么办？

·你要知道· 杏仁核位于大脑的中心区域，是产生情绪反应的脑部组织，而额叶是负责决策的区域。这些结构必须协同工作，才能帮助你做出正确的选择。当你情绪激动时，血液会涌向杏仁核，远离额叶，这就意味着此时你的杏仁核和额叶不能协同工作。这个时候，你的大脑就需要冷静了。

你知道吗？我们的大脑含有 75% 的水。即使有那么多的水，有时你也会"头脑发热"。当你情绪激动时，血液会涌向杏仁核，远离额叶。这就意味着此时你的杏仁核和额叶不能协同工作，这时的你很难做出正确的决定。

要想让大脑的各个结构协同工作，你就要试着让它冷静下来。当你情绪激动时，可以在脸上或眼睛上敷一些冰的东西，保持 20 到 30 秒，这样做可以帮助血液从杏仁核回到额叶。这就像是在告诉你的大脑："请保持冷静！"

For you

你 要 做 的

在接下来的一周里，当你情绪激动时，可以试着在脸上或眼睛上敷一些冰的东西。请在下面表格中记录一下你都出现了哪些激烈的情绪，在使用了这个方法后，你的情绪强度发生了什么样的变化。

激烈情绪	当你试着在脸上敷一些冰的东西后……
	激烈情绪减弱了，这个方法对我很有帮助。 激烈情绪没有变化，这个方法对我没有帮助。 激烈情绪变强了，这个方法对我没有帮助。

（续表）

激烈情绪	当你试着在脸上敷一些冰的东西后……
	激烈情绪减弱了，这个方法对我很有帮助。 激烈情绪没有变化，这个方法对我没有帮助。 激烈情绪变强了，这个方法对我没有帮助。
	激烈情绪减弱了，这个方法对我很有帮助。 激烈情绪没有变化，这个方法对我没有帮助。 激烈情绪变强了，这个方法对我没有帮助。
	激烈情绪减弱了，这个方法对我很有帮助。 激烈情绪没有变化，这个方法对我没有帮助。 激烈情绪变强了，这个方法对我没有帮助。
	激烈情绪减弱了，这个方法对我很有帮助。 激烈情绪没有变化，这个方法对我没有帮助。 激烈情绪变强了，这个方法对我没有帮助。

Foryou

更多你要做的

Share

在做了一周的记录后，你认为这个工具能否帮助你冷静下来，能否帮助你做出正确的选择？如果不能的话，你在使用中遇到了哪些困难和问题？你认为有什么可以改进的办法呢？

Activity 20

活动 20　放松你的肌肉：面条！面条！
面条！

· **你要知道** · 当你情绪激动时，你的肌肉会紧绷起
来，但是你自己可能意识不到。紧绷的肌肉能让你的
大脑知道你正处于情绪激动的状态。学习如何放松肌
肉，可以帮助你控制激动的情绪和行为。

当你同时思考太多事情的时候，大脑会向身体发送信号，告诉你：你现在很紧张。这会让你的肌肉变得僵硬，就像生面条一样。当你情绪激动时，你的情绪同样会向身体发送信号，让你的肌肉变得僵硬、让你感到紧张。

你知道吗？你可以通过放松肌肉的方式来摆脱这种感觉。放松肌肉对舒缓情绪很有帮助。

你可以先想象自己面前有一盒生面条。每根面条都很硬，就像绷紧的肌肉一样。然后，试着收紧你全身的肌肉，使它像生面条一样僵硬。你要让身体尽可能挺直，一点都不能放松。毕竟生面条可不是弯曲的！

然后你可以想象一下面条煮熟后柔软的样子。如果你把煮熟的面条放在盘子里，它们会柔软地卷曲成各种形态。请让你的身体像煮熟的面条一样放松下来。

像这样，你练习得越多，就越容易注意到自己的肌肉何时紧张，何时放松。当你意识到自己开始紧张时，你就可以练习，这可以让你随时放松并控制自己的身体与情绪。

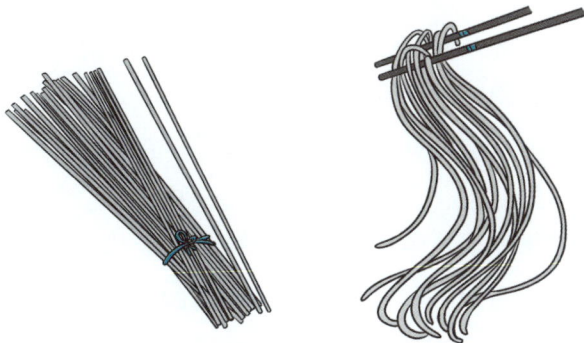

Foryou
你 要 做 的

在开始练习之前，请仔细阅读以下几段指导性文字，熟悉练习要领。用自己朗读的录音进行练习会更有助于你关注肌肉的状态。你也可以请别人来朗读练习要领。要想熟练掌握要领，你需要反复进行练习。

- 将注意力集中到头顶。把你的头发想象成一把生面条。绷紧头皮，这样生面条就不会断了。然后想象将生面条放入水中煮熟，放松头顶的肌肉，想象你的头发就像煮熟的面条一样柔软、松弛。

- 将注意力集中到面部。让面部肌肉像生面条一样僵硬，尽可能收紧面部的每一块肌肉。然后放松面部肌肉，想象它们像煮熟的面条一样柔软、松弛。

- 将注意力集中到肩部。让肩部的肌肉像生面条一样僵硬。然后放松肩部肌肉，想象它们像煮熟的面条一样柔软、松弛。

- 将注意力集中到手臂。伸直手臂，让手臂肌肉像生面条一样僵硬。然后放松手臂肌肉，想象它们像煮熟的面条一样柔软、松弛。

- 将注意力集中到腹部。你可以坐直，也可以站直，尽可能收紧腹部肌肉，让腹部肌肉像生面条一样僵硬。然后放松腹部肌肉，想象它们像面条一样柔软、松弛。

- 将注意力集中到腿部。你可以坐着，也可以站着将腿伸直。尽可能收紧腿部肌肉，让它们像生面条一样僵硬。然后将腿弯曲或者坐下，想象它们像煮熟的面条一样柔软、松弛。

- 将注意力集中到脚趾。用力蜷缩你的脚趾，让脚趾像生面条一样僵硬。然后放松脚趾，想象它们像煮熟的面条一样柔软、松弛。

Foryou

更 多 你 要 做 的

>> 如果你每天都做这个练习，这个练习就会发挥最佳作用。你认为自己什么时候做这个练习最合适呢？

....

....

....

>> 你能想出一些可能会影响练习效果的事情吗？

....

....

....

Activity 21

活动 21 转移注意力

· **你要知道** · 我们的大脑天生更容易注意到消极的
情绪和让我们感到压力的事情，而非积极快乐的事情。
要想改变这种情况，你需要训练你的大脑，让它更加
关注积极的想法。

有没有发现，有的时候你会不由自主地去想那些令你沮丧或悲伤的事情？你可能已经注意到了，我们的大脑很容易陷入消极的情绪或者事情中，这些令人不愉快的事情像是"魔术贴"。其实，不仅你会被困扰，每个人都可能会遇到这样的困扰。

当你陷入消极情绪时，可以用一些积极的事情或者想法分散大脑的注意力，以此来转变情绪。当你想到让你生气的事情时，你会变得更加愤怒。当你想到让你难过的事情时，你会变得更加悲伤。如果你生气了，多想一些有趣的事情，就会让你变得开心一些。

你可以用英文单词"DISTRACT（转移）"，帮助自己记住转移注意力的方法。记住，当你陷入消极情绪时，你要尽快转移注意力。等你冷静下来，就能重新整理思绪，面对那些让你沮丧的事情了。

D- 做（Do）。做点别的事情，比如玩迷宫游戏。

I- 想象（Imagine）。想象自己身处其他地方，比如你最喜欢的地方。

S- 感觉（Senses）。调节感觉：视觉、声觉、味觉、触觉和嗅觉，比如听音乐或抱着你最喜欢的玩偶。

T- 思考（Think）。想想其他事情，比如美好的回忆。

R- 阅读（Read）。读一本书，比如你最喜欢的小说。

A- 美工（Art or craft）。画一幅画或者做一件工艺品。

C- 电脑（Computer）。适当玩一会电脑游戏。

T- 尝试（Try）。尝试一个新游戏或去一个新地方。

Foryou

你　要　做　的

请花几分钟的时间思考一下，当你陷入消极情绪时，你可以做哪些事情来分散注意力，并把它们写下来。你可以和大人分享这些内容，这样他们就能及时帮助到你。

D- 做（Do）: ....

....

I- 想象（Imagine）: ....

....

S- 感觉（Senses）: ....

....

T- 思考（Think）: ....

....

》 **R- 阅读（Read ）:** ....

》 **A- 美工（Art or craft ）:** ....

》 **C- 电脑（Computer ）:** ....

》 **T- 尝试（Try ）:** ....

Foryou

更 多 你 要 做 的

》 在你认识的人里面，你认为谁的情绪比较稳定？这个人有哪些
爱好呢？

....

....

....

Share 根据自己的经历判断一下，你列出的转移注意力的方法对你是否有效。你认为最有效果的事情是什么？你尝试以后有什么感觉？

....

....

....

....

....

Activity 22

活动 22　深呼吸

· **你要知道** · 呼吸会向大脑传递关于周围环境的信号。当你感到焦虑时，你的身体会进行急促的浅呼吸。急促的呼吸向大脑传递的信号是"危险！"。而缓慢的深呼吸可以帮助你减缓心率，让你感到平静，它向大脑传递的信号是"我现在很好"。

虽然你无法避免呼吸急促的现象，但是你可以观察它什么时候发生。一旦你发现自己呼吸变得急促，你就可以有意识地放慢呼吸。如果你能感受到颈部的脉搏或心跳，你可能会发现当你吸气时心跳会加快，当你呼气时心跳会减慢。当你的心跳减慢后，你就会感到平静。因此，专注于尽可能慢的呼气过程，比关注吸气的深度或屏气的时间更重要。

深呼吸有助于降低心率，让你感到平静。在情绪稳定的时候你也可以经常进行呼吸练习，这样可以让你更好地了解它的工作原理。把深呼吸作为缓解激动情绪的有效工具，对现在的你来说可能还有点难度，你需要大量的练习去熟悉它。要记住，呼吸的速度是你可以控制的，缓慢的呼吸对于稳定情绪非常有效。

你 要 做 的

想象一下你是一名即将潜入水下的深海潜水员。你在水里慢慢地呼气，慢慢地下沉。你的目标是尽可能慢地下潜。你每次吸气，都会从氧气瓶中获得新鲜的氧气。你每次呼气，都会越来越接近你想要的感觉和你想去的地方。你在深海下非常放松。

在下页的方框里画一幅自己像深海潜水员一样呼吸的画。请画上大大的气泡，表示你在海底非常缓慢地呼气，全身感到放松。

Foryou

更 多 你 要 做 的

你已经想象过自己像深海潜水员一样缓慢地呼吸了，接下来可以继续练习深呼吸和浅呼吸。

1 请尽可能地大口吸气，同时慢慢从 1 默数到 3。

2 屏住呼吸 1 秒钟。

3 请慢慢呼气，同时从 1 默数到 5。注意要边数数边呼气。

4 重复这套动作 3 ~ 5 次，然后停下来正常呼吸。

〰 请关注自己的感受，并把你注意到的身体变化写下来。

....

....

....

....

....